LA VIERGE

ET

LES ABEILLES

OU

TRAVAIL ET PIÉTÉ

PAR M. L'ABBÉ DEMANGE

Directeur de l'École Saint-Léopold

PARIS

CHALLAMEL AÎNÉ, ÉDITEUR

RUE JACOB, 5

—

1875

LA VIERGE ET LES ABEILLES

ou

TRAVAIL ET PIÉTÉ

LA VIERGE

ET

LES ABEILLES

OU

TRAVAIL ET PIÉTÉ

PAR M. L'ABBÉ DEMANGE

Directeur de l'École Saint-Léopold

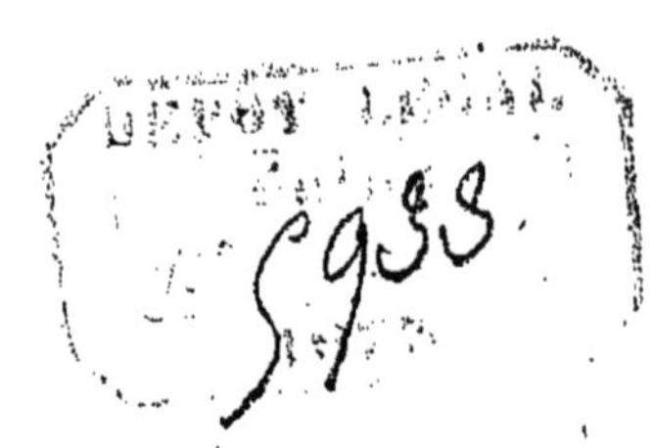

PARIS

CHALLAMEL AINÉ, ÉDITEUR

RUE JACOB, 5

1875

AUX ÉLÈVES

DE

L'ÉCOLE SAINT-LÉOPOLD

Un jour, par une matinée du mois de mai, je me
promenais à B***, dans un jardin rustique, adossé
au penchant du côteau et qui touche à la crête des
bois. J'étais en compagnie du maître même du
jardin qui aime beaucoup les abeilles. La terrasse
donne vue sur une campagne charmante. En face,
pour fermer l'horizon, la ligne des forêts de
Nancy ; au loin, à droite Vaudémont et Notre-
Dame de Sion ; à gauche, Mousson avec son vieux
castel en ruines ; çà et là, dans une étendue immense,
des villages semés au milieu des champs et des
bois ; en se rapprochant, la rivière, des prairies,
de blanches routes avec leur long ruban de peu-
pliers, deux côtes à l'ombre desquelles la ville de

*Toul est assise, couronnée de ses tours gothi-
ques, les pieds dans les claires eaux de la Mo-
selle; tout à fait devant nous, presque au bas du
jardin, le village de B***, dormant au grand soleil, des vergers alentour lui faisant ombre, la
vigne en fleurs habillant la colline et l'entourant
d'une ceinture de joie; dans les vignes, par les
sentiers qui s'entrecroisent, les hommes du village allant chacun à leur travail et caressant les
rêves de leur espérance; par-dessus tout cela, les
oiseaux jetant éperdument leurs gaies chansons,
et le soleil répandant à flots sa lumière et ses
sourires; enfin dans l'air, je ne sais quelle joie,
quelle fraîcheur et quelle vie embaumée.*

*Je me livrais à ce charme pénétrant de la cam-
pagne au mois de mai, quand le maître me dit :
Venez, j'ai à vous montrer un spectacle rare et
un présent qui me vient de Dieu.*

*Il me fit voir d'abord plusieurs ruches dispo-
sées à quelque distance l'une de l'autre dans des*

endroits clairs, chauds et parfumés. Bientôt nous fûmes devant une madone, de grandeur naturelle, posée debout sur une large pierre que la mousse commençait à revêtir. Une clématite, grimpant à deux pas en arrière, formait, par ses rameaux entrelacés, comme une niche de verdure. De chaque côté, un sumac de Virginie donnait à balancer aux brises ses branches de velours et son feuillage penné. Nous nous assîmes auprès de la statue. Je vis une foule d'abeilles voltigeant et bourdonnant autour de la madone. Beaucoup venaient, chargées de cette poussière jaune et blanche qu'elles rapportent des prairies et qui leur sert à composer le miel. Elles se pressaient aux pieds de la Vierge. Le maître alors me raconta que la statue leur servait de ruche, et que ces bienheureuses abeilles logeaient tout simplement dans le cœur de la madone.

« Voici le fait, me dit-il. Par une chaude jour-
« née, à l'époque où les abeilles essaiment, j'étais
« assis, là, à deux pas, sous ce cerisier. Tout à

« coup, averti par un bruit sourd et fort, j'aper-
« çus dans les airs un essaim. Je le suivis des
« yeux. Chose ravissante! Comme si la Vierge
« lui eût fait signe, il vint s'abattre doucement
« aux pieds de la madone. Justement les froids
« d'hiver avaient écaillé le socle de la statue ; les
« abeilles, pénétrant une à une par la brèche,
« remplirent tout l'intérieur. Une fois dedans,
« l'essaim y demeura. Voilà trois années qu'il
« vit ainsi. J'ai soin, à la saison mauvaise, d'en-
« velopper la statue de planches et de mousse ; et,
« le printemps venu, je rends au soleil mes chères
« et saintes petites abeilles. Que dites-vous de
« mon bonheur! »

J'admirai la gracieuseté de la Providence ; je
félicitai le maître du jardin, dont l'âme délicate,
extrêmement amie de la nature, avait été en effet
fort réjouie par cette chose touchante. Puis aussi-
tôt ma pensée se reporta vers un autre essaim que
je vois chaque jour voltiger avec non moins de
grâce. Ce joyeux essaim, lui aussi, aux jours

de son printemps, sort de la ruche maternelle, se répand dans les airs, court et vole en liberté. Il doit, en son bel âge, butiner les fleurs non plus des champs ou des bois, mais de la littérature, de l'histoire, des sciences, des arts, et amasser de quoi composer un miel pour les saisons plus avancées de la vie. Je pensai donc à vous, chers enfants : je souhaitai à vos corps, mais surtout à vos âmes l'activité, la grâce, le charme, l'ardeur, la richesse des abeilles, le bonheur de joindre le Travail à la Piété, et de mettre à l'abri dans le cœur de la Très-Sainte Vierge tout ce que vous êtes et tous vos trésors. Je me promis de vous ré-péter mon souhait, et je vous le fais. Daignent vos Anges l'accueillir, et la Sainte Vierge le réa-liser !

Nancy, 2 mai 1875,

LA

VIERGE ET LES ABEILLES

A travers l'espace
Quel nuage obscur
Voile le ciel pur,
Et soudain s'efface?
— C'est l'Essaim qui passe,
Sans laisser de trace
Aux champs de l'azur !

Où vas-tu, jeune Essaim, loin de la ruche aimée?
Dès l'aurore aujourd'hui quel bonheur attendu,
Vers les monts attirant ta liberté charmée,
Au souffle des Zéphyrs, sur leur aile embaumée,
Dans les vagues de l'air, imprudent, t'a perdu?

De la ruche pleine
Chétif nourrisson,
L'hiver en prison,
Je vivais à peine.
La brise sereine
Au printemps m'emmène
Courir l'horizon.

Bois, parfums, lumière,
Travaux des beaux jours,
Doux miel, mes amours !
Vite à la bruyère !
Tout rit, tout prospère :
Le soleil sur terre.
Luira-t-il toujours ?

Vole, fils du printemps, cours des monts à la plaine !
Ne perds pas un rayon de tes premiers soleils !
Le travail de la vie est la loi souveraine.
Dieu t'a donné les champs et les fleurs pour domaine ;
Va moissonner partout leurs calices vermeils.

Mais où porter, dis-moi, ce tribut de vingt mondes,
Ce miel qu'au sein des fleurs Dieu même a réservé?
Sous quel abri bâtir tes cellules fécondes?
Est-ce au creux des rochers, dans les grottes profondes,
Ou sur le tronc d'un chêne en tes songes rêvé?

Non, ni le grand chêne,
Ni le dur rocher
Je ne veux chercher,
Ni grotte prochaine,
Ni forêt lointaine,
Ni saule en la plaine,
Ni toit, ni clocher!

Je cours où m'envoie
Un secret désir.
Vêtu de saphir,
Aux ailes de soie,
Quelque ange avec joie
M'a tracé la voie,
Ange ou doux zéphyr!

Où je vais, plus pure
Est l'odeur du lys.
Là nuls bruits maudits,
Là nulle souillure,
Nulle bête impure,
Ni vent, ni froidure :
C'est un Paradis !

Et l'Essaim bourdonnant vole à perte d'haleine !
Quel ange dans les airs dirigeait son essor ?
Au penchant du côteau qui domine la plaine,
Il a vu le jardin où la Madone est reine.
Les oiseaux sont sa cour, les fleurs son palais d'or !

Là les roses, le thym, les fraises parfumées,
Le sainfoin, les genêts, sous l'herbe les muguets,
Au pied des coudriers les pervenches pâmées,
Font dans l'air onduler des vagues embaumées,
Flots d'arome écoulés des éternels bosquets !

Sitôt que par delà les blancs murs d'aubépine,
L'Essaim entra, cherchant où déposer son miel,
La Madone sourit, son regard s'illumine.
O gracieux miracle, ô tendresse divine !
Elle le veut garder comme un enfant du ciel !

Salut, Vierge aimable !
Mon cœur attendri
D'amour pousse un cri !
Faveur admirable !
Ruche incomparable !
Quel temple ineffable
J'obtiens pour abri !

D'une seule haleine
J'ai volé vers toi.
Si j'ai Dieu pour roi
Je te prends pour reine.
O ma souveraine,
Je t'offre ma peine,
Ma vie et ma foi !

Je veux à la Vierge

Faire un miel sacré,

D'un rayon doré

Composer un cierge,

Dont la flamme vierge,

Quand tout le submerge,

Brille au cœur navré !

Et l'Essaim, roi des airs, butina les corbeilles,
Les prés, les champs, les monts, perpétuel festin,
Que Dieu dresse lui-même et couvre de merveilles ;
Il but, riant convive, au sein des fleurs vermeilles,
La liqueur odorante et les pleurs du matin.

Et lorsqu'il eut enfin de la liqueur choisie
Tout le long des beaux jours amassé le trésor,
N'ayant plus qu'à goûter la paix et l'ambroisie,
Enfant de la Madone, il occupait sa vie
A bourdonner son nom dans les cellules d'or.

A la saison rude,

Lorsqu'en tous climats

Les vents, les frimas,

Font la solitude,

Hors d'inquiétude,

Sans soins, sans étude,

Il rit du trépas.

Heureuse l'enfance

Pareille à l'essaim,

Qui cache en ton sein,

Vierge, avec prudence

La fraîche innocence,

Le bien qu'en silence

Elle offre au Dieu saint.

Chers enfants, de vous tous que l'Essaim soit l'image !

Vos jeunes fronts à peine annoncent dix printemps :

Mais vous pleurez parfois et vous fuyez l'ouvrage.

Pourtant le bon Dieu veut qu'on travaille à votre âge,

Ecoutez ! l'Essaim chante en ses bourdonnements :

Quand l'âge est tout rose,

Et que luit l'été,

TRAVAIL, PIÉTÉ,

Que c'est douce chose !

Quand la vie est close,

L'enfant se repose :

C'est l'Éternité !

PARIS

TYPOGRAPHIE MOTTEROZ

Rue du Dragon, 31

TU PENSES
J'ŒUVRE
IMP
C. MOTTEROZ